Jean-Henri Fabre

法布尔昆虫记

聪明的猎人节腹泥蜂
与手术专家沙泥蜂

〔韩〕高苏珊娜◎编著　　〔韩〕金成荣◎绘　　李明淑◎译

北京科学技术出版社
100层童书馆

序

　　法布尔是一位杰出的昆虫学家，也是一位优秀的文学家。19 世纪末至 20 世纪初，法布尔捧出了一部《昆虫记》，世界响起了一片赞叹之声，这片赞叹声一响就是 100 多年，直到今天！

　　《昆虫记》语言朴素却不失优美，法布尔把一部严肃的学术著作写成了优美的散文，人们不仅能从中获得知识，更能获得一种美的享受，并由衷地对大自然产生深深的爱！

　　作为一位昆虫学家，一位用心去观察、用爱去感受的昆虫学家，法布尔的科学研究是充满诗意的。他不把昆虫开膛破肚，而是充满爱心地在田野里观察它们，跟它们亲密无间。他用诗人的语言描绘这些鲜活的生命，昆虫在他的笔下是生动、美丽、聪慧、勇敢的，他说他在"探究生命"，目的是"让人们喜欢它们"。他的心如同孩童般纯真，他的文字也充满想象力和感染力。他要让厌恶昆虫的人知道，这些微不足道的小虫子有许多神奇的本领，它们勇于接受大自然的考验，努力在这个世界上争得生存的空间。

　　北京科学技术出版社出版的这套改编的儿童版"法布尔昆虫记"换了一种方式来呈现这部科学经典。这套书用简洁的语言、精美的彩图、生动的故事情节描绘法布尔原著中具有代表性的昆虫，讲述它们的故事，展现它们的个性，处处流露出作者对它们的喜爱。我向小朋友们推荐这套彩图版"法布尔昆虫记"，是因为它语言非常优美，且所描绘的昆虫形象栩栩如生，小朋友们可以透过文字了解它们的喜怒哀乐。故事兼具科学性和趣味性，能够激发小朋友们的阅读兴趣和对大自然的好奇心，培养他们尊重生命、亲近自然、热爱科学的精神！

　　最后，希望北京科学技术出版社出版更多、更好的儿童科普书，同时也祝愿我国的儿童科普事业蓬勃发展！

中国科学院院士

张广学

走进蜂的世界

　　听到"蜂"字的时候，你们会联想到什么呢？是香甜的蜂蜜、六角形的蜂巢，还是蜂尾可怕的毒针？

　　大家首先想到的可能是蜜蜂吧。事实上，蜂的种类非常多，比如长腹蜂、胡蜂、节腹泥蜂、沙泥蜂、大头泥蜂、切叶蜂等，而且这些蜂的生活习性各不相同。

　　法布尔仔细地观察每一种蜂，有时甚至亲自养蜂。他坐在树林里或草地上一观察就是几个小时，因此发现了许多新种类的蜂。

　　本书将讲述泥蜂的故事。泥蜂为了给自己的幼虫提供安全而新鲜的食物，不会将捕捉到的猎物杀死，而会使猎物无法动弹。那么，泥蜂究竟有怎样神奇的狩猎技术呢？让我们一起去泥蜂的世界一探究竟吧！

目录

聪明的猎人——节腹泥蜂

法国南部的普罗旺斯有一座山叫冯杜山，

它在法国很有名，海拔 1909 米。

从远处眺望，冯杜山景色宜人，

可它其实是一座难以攀爬的石山。

但是，对法布尔来说，

冯杜山是世界上最可爱的地方之一。

他为了观察植物和昆虫，

一生中 34 次攀登冯杜山。

启发法布尔开始研究蜂群生态的

是昆虫学家列翁·杜福尔所撰写的关于蜂的书。

那本书专门介绍捕猎吉丁虫作为幼虫食物的节腹泥蜂。

法布尔读完觉得内容不够详尽，

使决定亲自观察并研究节腹泥蜂。

捕猎象鼻虫

在丘陵的斜坡上，

有一群正在努力搬运的蜂，

这种蜂叫节腹泥蜂，

是法国最大的泥蜂。

节腹泥蜂阿布整天忙碌着，

她不停地咬碎土块，

然后将碎土块一一丢到外面去。

"赶快盖间漂亮的房子，才能快点儿结婚，

然后生一窝可爱的宝宝！"

阿布沉浸在幸福的美梦中，

一点儿也不觉得累。

在阿布的身旁，还有一群节腹泥蜂在盖房子，

大家一边唱歌，一边卖力地干活儿。

加油，加油！
用力挖呀！
盖一间漂亮的房子，
盖一间结实的房子。

和谁一起住在这里呢？
当然是和勇敢的新郎，
当然是和可爱的宝宝！

有些蜂把前腿弯成耙子状在挖洞，
有些蜂在用强壮的大颚推小石头，
有些蜂在拍打满是灰尘的翅膀和触角，
还有些蜂好像已经累了，
正趴在洞口休息。
节腹泥蜂喜欢将房子盖在
干燥而且阳光充足的悬崖上，
她们偏爱向阳的斜坡。

阿布没有休息，她不停地挖着洞，

挖出来的泥土像雨水一样滑了下来，

只用了两三天她就轻松地盖好了房子。

"妈妈，谢谢您！"

阿布在心里感谢着妈妈，

她把妈妈留下的房子改建成了自己的家。

阿布的房子里有很多房间，

她要给每个宝宝分一间房。

而此时，雄蜂们为争夺雌蜂展开了战斗，

只见他们先不停地振动翅膀，

发出嗡嗡的威胁声，

接着便滚到地面上打斗，

直到分出胜负为止。

盖房子是雌蜂的任务，
雄蜂从来不盖房子，也不出去打猎，
当雌蜂辛苦地盖房子时，
雄蜂们只在一旁看热闹。
过了几天，天气变得更加暖和了，
阿布的宝宝们陆续从卵里孵化出来，
变成了蠕动的幼虫。
为了宝宝们，
阿布一刻都没有休息。
"我得赶快去捕捉象鼻虫，
让可爱的宝宝们好好享用。"

刚刚出门的阿布

在斜坡上发现了一只被丢弃的象鼻虫，

他断了一条腿，身上还有刮伤的痕迹，

看来是谁不小心弄丢的。

"哼！我才不要缺胳膊少腿的食物呢，

我要去捉新鲜的象鼻虫，

给宝宝们吃我亲手捉到的象鼻虫！"

阿布不理睬摇摇晃晃的象鼻虫，

嗡的一声飞走了。

飞了好一阵子，

阿布看到地上有两只圣甲虫

正在努力地运粪球，

一只在前面拉，另一只在后面推。

"虽然圣甲虫比较容易捕捉，

但是他们每天吃粪便，

是一群在粪便中过日子的家伙，

我才不想给宝宝们吃这些脏东西呢。"

阿布也不理睬圣甲虫，继续往前飞。

这时，阿布发现了
比圣甲虫小的阎甲，
"哎呀，这个家伙也不行，
阎甲爱吃蛆虫，脏兮兮的。"
阿布再次摇了摇头。
又飞了一阵，阿布发现了一只步甲，
"步甲太小了，
不够宝宝们吃，
还是象鼻虫最合适！"

为了捕捉象鼻虫，

阿布仔细地搜寻着各个角落。

象鼻虫是节腹泥蜂最常捕捉的昆虫之一，

他们的嘴巴像大象的鼻子一样长长的，

翅膀和背就像盔甲一样坚硬。

节腹泥蜂最喜欢捕捉

身上有 4 个斑点的象鼻虫，

因为他们体形大，而且很常见，

是节腹泥蜂幼虫最好的食物。

这时，在斑点象鼻虫的家里，
不听话的老大又被妈妈责骂了。
"你这孩子怎么这么任性呢？
为什么总是不听妈妈的话？"
年轻气盛的老大讨厌妈妈唠叨，
跑出了家门。
"不要走得太远，
节腹泥蜂常常会袭击我们，
被节腹泥蜂捉住的话就完蛋了！"
妈妈还在大声叮嘱。

14

成年斑点象鼻虫们每次见面，
聊的都是节腹泥蜂。
例如"节腹泥蜂是世界上最可怕的昆虫"
或是"被节腹泥蜂捉住的话，就会生不如死"等。
但是，老大根本听不进去妈妈的话，
他从来没见过节腹泥蜂。
"哼，什么节腹泥蜂、飞蝗泥蜂，整天像念经似的，
不就是一只蜂嘛，有什么可怕的？
妈妈的胆子也太小了吧！

我是象鼻虫中个子最高、力气最大的，
我才不怕什么节腹泥蜂呢！"
老大哼了一声，
把妈妈的叮嘱忘得一干二净，
不知不觉走到了离家很远的沙地上。

"今天真是奇怪，居然连一只象鼻虫都没看到。

该不会是知道我要来，他们全都躲起来了吧？"

阿布非常清楚象鼻虫们聚居的地方。

当她再次仔细察看地面时，

忽然发现了一只斑点象鼻虫，

那是个比一般的象鼻虫块头大的家伙！

阿布高兴地振动翅膀，发出嗡嗡声。

听到阿布的声音，

象鼻虫抬起头说：

"你是谁呀？你就是节腹泥蜂吗？"

"没错，我就是大名鼎鼎的节腹泥蜂，

我要把你带回家给我的宝宝们当食物。"

阿布想起了家里的宝宝们。

像阿布一样的成年节腹泥蜂是以花蜜为食的，

但是正在长身体的幼虫

需要吃一些更有营养的食物，

比如象鼻虫这样的昆虫。

听了阿布的话，

象鼻虫哈哈大笑起来。

"哈哈！我还以为节腹泥蜂是多么可怕的昆虫呢！

没想到你的身材居然比我的还瘦小，

想抓我？就用你尾巴上的那根小针？"

象鼻虫展示着背上坚硬发亮的硬壳说道。

象鼻虫有着像盔甲一样又厚又硬的外壳，

所以也叫象甲虫。

象鼻虫认为节腹泥蜂绝不可能戳破自己的硬壳。

可是阿布却嘲笑象鼻虫：

"你那个壳呀，其实根本没用，

只要挨我一针，

你马上就会变得半死不活！"

阿布悄悄地落在象鼻虫前面。

"不用多长时间，一针就能解决问题！

不过还是得慎重一点儿，

万一弄伤了他的身体可就麻烦了。"

了解象鼻虫弱点的阿布知道，

在不伤害象鼻虫身体的前提下活捉他，

是一件轻而易举的事。

只要将毒针扎进象鼻虫盔甲间隙的关节处，

就能使象鼻虫瞬间无法动弹。

但是，可不能随便扎进别的关节，

那样象鼻虫在挣扎时

有可能把阿布压倒。

阿布必须扎到那个一针就能解决问题的地方。

终于，节腹泥蜂和象鼻虫的殊死搏斗展开了。

只见象鼻虫不停地在地上旋转着威胁阿布，

但是阿布一动不动，只是盯着象鼻虫。

突然，阿布用自己的大颚

使劲咬住了象鼻虫长长的嘴巴。

阿布攻击的速度实在太快了，

象鼻虫完全乱了阵脚。

"啊……哎哟！"

象鼻虫拼命地挣扎，

阿布则用前腿用力摁住象鼻虫的背。

这时，象鼻虫盔甲间隙的关节露出来了。

"机会来了！"

阿布将自己带毒针的尾巴

伸到象鼻虫身体下面，

然后迅速用毒针连续蜇了两三次。

一切都发生在一瞬间。

"啊！怎么会这样？"
象鼻虫就像被电击了一样，
身体瞬间无法动弹，
之后便昏了过去。

象鼻虫其实是一种生命力很顽强的昆虫。

有时被人类抓回来制作标本，

就算过了几周，甚至几个月，仍然活着。

节腹泥蜂攻击的是象鼻虫前腿和中腿之间的神经。

由于象鼻虫胸部的神经
是控制全身动作的中枢，
所以一旦被毒针扎到，
就会造成全身麻痹而无法动弹。
这种胸部神经节相对集中的昆虫
还有吉丁虫等。
其中节腹泥蜂最喜欢的猎物是象鼻虫。

象鼻虫和节腹泥蜂之间的搏斗

以节腹泥蜂的胜利结束了。

"这下好了！

赶快带回家给宝宝们吃吧！"

阿布得意扬扬地看了看象鼻虫，

将象鼻虫的身体翻了过来。

"哟，这家伙比我想象的还要重呢！"

阿布抱着象鼻虫飞了起来。

虽然象鼻虫比阿布足足重了两倍，

但是，这对阿布来说并不是什么大问题，

再远的距离阿布都能一路抱着猎物飞行，

因为节腹泥蜂的力气大得惊人。

自动保鲜的食物

尽管象鼻虫重了一点儿,
但捉到了这么大的猎物,
阿布还是很高兴,
她一边哼着歌一边往家飞。

我是神气的泥蜂！
再强壮的象鼻虫我也不怕！
就算他穿了盔甲也没用！

我是可怕的泥蜂！
毒针一刺结束捕猎，
让猎物动弹不得。

我是聪明的泥蜂！
我知道应该攻击哪儿，
闭着眼睛也能刺准。

阿布兴高采烈地飞着，

突然看到了她的朋友——一只捕猎吉丁虫的节腹泥蜂。

"嘿，朋友！你好吗？"

"是阿布啊！"

捕食吉丁虫的节腹泥蜂也热情地向阿布打招呼。

"你怎么会在这里？
你不是住在松树林里吗？"
"是啊，前几天在这里看到了吉丁虫，
所以我今天特地过来看看！"
捕猎吉丁虫的节腹泥蜂抱着闪闪发光的吉丁虫说。

吉丁虫发出金色和蓝色的光芒，

就像一颗宝石。

吉丁虫跟象鼻虫一样

一旦胸部的神经被攻击，

就会无法动弹。

因此，对节腹泥蜂来说，

吉丁虫也是很不错的猎物。

"哇！你捉到了一个很棒的家伙！"

看着吃惊的阿布，

捕食吉丁虫的节腹泥蜂微笑着说：

"你的猎物也很不错呀，

看起来比你重很多呢！

趁你还有力气，赶快搬回家吧！"

"好啊，那咱们下次再见！"

阿布向她的好朋友道别后，

继续往家飞。

终于到家跟前了，

阿布累得一屁股坐了下来。

她用大颚咬住象鼻虫，

慢慢地往斜坡的上的洞里拖。

象鼻虫实在太重了，
阿布还没拖到洞口跟前，
就和象鼻虫一起滚了下去。

虽然全身沾满了泥土，

但阿布绝不放掉嘴里的猎物。

"加油！这只是小菜一碟！"

阿布终于将象鼻虫拖了上来，

用力推进了一个房间。

阿布的家里有好几个房间，

每个房间里都有一只象鼻虫。

每只象鼻虫翅膀都散发着健康的光芒，

身上也看不见任何伤口，

而且仍然活着。

可是，他们却像死了一样不能动弹，

一动不动地躺在房间里。

他们只有一丝用来呼吸的力气，

到了最后，就连这丝力气也会慢慢地消失。

虽然阿布刚刚抓了一只大象鼻虫，

但她却不敢稍做休息。

"我的宝宝们就要从卵里孵化出来了，

我得去抓更多的象鼻虫。"

阿布说完又飞到外面去捕猎了。

阿布继续拼命寻找象鼻虫。

"那些家伙应该就躲在附近吧。"

阿布只顾着寻找象鼻虫,

浑然不觉有人盯上了她。

"抓到了!"

一个小男孩抓住了阿布。

"咦?这家伙好像和蜜蜂长得不一样!

干脆带回家制成标本吧!"

阿布被关进一个小盒子。

"怎么办？我的宝宝们还在家等着我呢，

如果没有我，宝宝们全都会饿死。"

阿布伤心得快哭出来了。

可是阿布强忍着眼泪，

静静地等待着逃跑的机会。

过了很久，盒子也没有打开，

"啊！我听到人类的声音了，好像快到村子里了。"

原来阿布已经被小男孩带到离家 3 千米远的地方了。

这时，小男孩又抓了一只蝼蛄，

放进了小盒子。

阿布趁着蝼蛄在盒口挣扎时，

敏捷地从盒子里飞了出去。

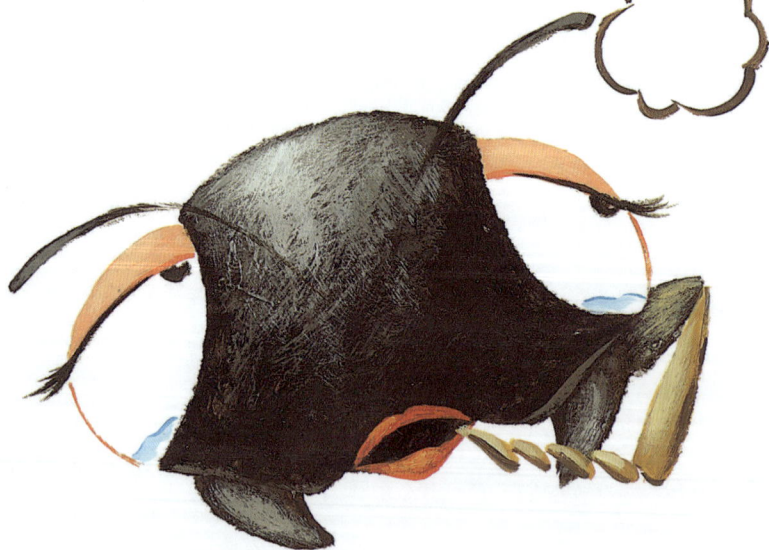

"啊，太好了！我终于逃出来了！"
阿布呼吸着新鲜空气，扇动着翅膀，
发出嗡嗡的声音。
虽然离家很远，但阿布一点儿也不担心，
因为所有的蜂都有归巢的本能，
无论在什么地方都能找到回家的路。
这是蜂与生俱来的特殊能力。
顺利回到家的阿布，把已经抓到的象鼻虫，
一只只分给刚从卵里孵化出来的幼虫。
"宝宝！来，这是你的食物，
是妈妈抓来的新鲜营养品。"

"哇，妈妈，这食物看起来好像是活的！"

幼虫好奇地上下打量着象鼻虫。

"对呀！他的确是活的，

在你们把他全部吃完之前，

他不会腐烂。"

"什么？他还活着？"

幼虫们吓得直往后蠕动身体。

"别担心，他虽然还活着，但不能动弹，

妈妈已经把他弄昏迷了。"

听了妈妈的话，

幼虫们才放心地吃起象鼻虫来。

虽然象鼻虫还活着，

但是却像尸体一样一动也不动。

由于幼虫一定要吃新鲜的食物才能快速长大，

所以，对幼虫来说，

没有什么比活生生的象鼻虫更有营养！

但是，如果象鼻虫还能活动，

就可能伤害到毫无抵抗力的节腹泥蜂的卵和幼虫！

由于象鼻虫的腿上长着锋利的刺，

如果把挥动着长腿的象鼻虫和幼虫放在一起，

幼虫就会受伤，甚至死亡。

所以幼虫的食物一定要像尸体一样一动也不能动，

但肉和内脏却必须保持新鲜。

"妈妈，既然象鼻虫还活着，

他为什么一动也不动呢？"

"啊，那是因为妈妈

在他的运动神经上打了一针，

所以他的身体被麻痹了。"

幼虫们用崇敬的眼神看着妈妈：

"妈妈，您真了不起，多亏了您，

我们才能吃到如此新鲜味美的食物。"

阿布看着一天天长大的幼虫们，感到很欣慰。

"等你们长大以后，

也会像妈妈一样，成为捕猎高手，

这可是我们与生俱来的特殊本领。"

"妈妈，我很高兴自己是节腹泥蜂，

神气的猎手——节腹泥蜂。"

阿布的幼虫们吃着活生生的象鼻虫，

在不久的将来，

也会成为像阿布一样的成年节腹泥蜂。

手术专家——沙泥蜂

有一天，法布尔发现了一只正在寻找食物的沙泥蜂。

为了观察沙泥蜂如何捕捉夜蛾幼虫，

法布尔努力地寻找夜蛾幼虫的踪迹。

他动员全家人，找了好几个小时，

结果连一只夜蛾幼虫都没找到。

法布尔心想：

"沙泥蜂一定知道夜蛾幼虫躲在哪里。

只不过，因为夜蛾幼虫躲在地底下很深的地方，

沙泥蜂无法挖到那么深的地方。"

这时，一只沙泥蜂

似乎是想告诉法布尔夜蛾幼虫的位置，

飞到法布尔身边的土地上轻轻地扒了一下。

法布尔赶紧用锄头挖沙泥蜂指引的位置，

果然，那里躲着夜蛾幼虫。

法布尔在沙泥蜂的帮助下

顺利地抓到了许多夜蛾幼虫，

并观察到沙泥蜂做手术的场面。

沙泥蜂的诞生

地底下的一个小洞里躺着一只夜蛾幼虫，

幼虫身上有细长的白色虫卵，

这是毛刺沙泥蜂的卵。

原来，沙泥蜂将卵产在夜蛾幼虫身上，

然后把洞口堵住了。

过了一天，幼虫从卵里孵化出来了，

她比夜蛾幼虫小多了，

但她必须和夜蛾幼虫生活在一起，

直到变成成虫为止。

在不能进出的地下小洞中，
沙泥蜂幼虫小苗
刚从卵里孵化出来，
就开始大口大口地吃身旁的夜蛾幼虫。
"嗯，真好吃！准备了这么好吃的食物，
妈妈去哪里了呢？"
小苗一边吃着夜蛾幼虫，一边等着妈妈。
夜蛾幼虫非常新鲜，
当然啦，夜蛾幼虫还活着呢！
在沙泥蜂幼虫长大之前，
夜蛾幼虫会一直
为沙泥蜂幼虫提供最新鲜的食物。
小苗一天天长大，
身体逐渐变成乳白色。
从卵里孵化出来一个星期后，
小苗已经长成像夜蛾幼虫那么大了。

此时，夜蛾幼虫已经被小苗全部吃掉了。

小苗开始吐丝做茧，

她要变成蛹啦！

小苗一边吐丝，一边想：

"妈妈怎么一次也不来看我？

我都已经长这么大了，

难道妈妈一点儿也不想念我吗？"

小苗觉得妈妈很没有责任感，

只丢给她一大块食物，

在自己成长的过程中，一次也没回来过。

"我连妈妈长什么样都不知道！"

小苗很伤心，

觉得自己被遗弃了。

"以后我当了妈妈，

绝对不会把自己的宝宝单独留在地下，

不管宝宝的死活，

我才不会像妈妈那样没有责任感！"

已经变成蛹的小苗，

怀着对妈妈的思念和不满，含着泪睡着了。

几天后，小苗睡醒了，她打起了精神。
为了爬到地面，
小苗开始用前爪和大颚挖洞，
不久后，小苗终于看到了蓝天。

小苗慢慢地爬出洞口。

"哇，好美丽的世界！"

小苗看了看自己的模样，吓了一跳：

现在的自己，

竟然有了漂亮的翅膀和纤细的身体。

小苗的身材非常苗条，

尤其是她的腰，十分纤细，

这使得她的胸和腹看起来

就像是用细线连起来的一样。

小苗全身都是黑色的，

但是腹部有一圈橘色花纹，

仿佛穿了一身帅气的制服。

小苗对自己纤细苗条的身材非常满意，

于是大摇大摆地走了出去。

"嗯，那么，现在就飞飞看吧！"

小苗拍打着翅膀，飞了起来，

飞上天的感觉真不错！

沙泥蜂是非常优秀的飞行员，

不但能自由自在地在空中飞翔，

还可以像飞机一样，

在空中扭转身体，环绕着飞行。

小苗现在不再像幼虫时那样吃夜蛾幼虫了，

她已经成了专门吸食花蜜的成年蜂。

小苗到处旅行，

认识了许多新朋友。

小苗是毛刺沙泥蜂，她认识了沙地沙泥蜂、柔丝沙泥蜂

和银色沙泥蜂等不同种类的沙泥蜂。

小苗还观看过

沙地沙泥蜂和银色沙泥蜂盖房子，

她们在地上挖好洞后，

会从附近衔来又大又平的石块，

堵住洞口。

"我像这样把盖好的房子藏起来，

等抓到夜蛾幼虫就放进洞里！"

小苗听着银色沙泥蜂的解释，

歪着脑袋好奇地问：

"可是，你以后怎么找到家呢？"

"别担心，我们很容易找到自己的家，

因为我们天生就有这种本领！"

不久后，银色沙泥蜂叼着夜蛾幼虫飞回来了，

她很快就找到了自己昨天挖好的洞，

并且搬开了洞口的石块。

"哇！明明和别的石头没什么两样啊，

居然这么轻易就能找到！"

小苗吃惊地看着银色沙泥蜂打开了洞口。

因为像小苗这样的毛刺沙泥蜂，

每次都是快要产卵时才开始挖洞，

所以，小苗十分羡慕银色沙泥蜂的本领。

有一天，小苗去找朋友中体形最小的柔丝沙泥蜂，

只见柔丝沙泥蜂一边拖尺蠖，

一边对小苗说："小苗，快来呀！

我正往家里储存食物呢。"

柔丝沙泥蜂专门捕捉尺蠖。

尺蠖长得很像树枝，

因此，当尺蠖贴着树皮一动不动时，

很难被发现。

"你为什么只抓尺蠖呢？"

"因为我身材矮小，而且没什么力气，

要捕捉大的夜蛾幼虫会非常吃力，

所以体形娇小的尺蠖

对我来说是最合适的猎物。

虽然尺蠖种类很多，

但我几乎都可以捕捉到。"

柔丝沙泥蜂耐心地向小苗解释。

小苗发现柔丝沙泥蜂的家里

已经有 4 只尺蠖了。

只见那 4 只尺蠖，

被弯曲着叠放在一起。

"你未免太贪心了！

一个洞里居然放 5 只尺蠖！"

看着正在往洞里放第 5 只尺蠖的柔丝沙泥蜂，

小苗忍不住说。

"尺蠖体形娇小，

如果我的宝宝想顺利长大，

就需要吃5只左右的幼虫。"

柔丝沙泥蜂在最上面的尺蠖身上

产了一枚小小的卵。

小苗和柔丝沙泥蜂道别后，

便朝着树林飞了过去。

小苗心想："我也快到产卵的时候了，

得赶快捕捉夜蛾幼虫，还要盖一间房子呢！"

于是小苗开始寻找适合挖洞的地方。

沙泥蜂喜欢在土质松软的

向阳之地挖洞。

这种地方挖起洞来比较容易，

而且很适合幼虫成长。

找到合适的地方后，

小苗卖力地挖起洞来。

"我要挖得又深又宽，

这样才能一并容纳我的宝宝和食物。"

正在挖洞的小苗，突然想起了自己的妈妈。

"原来妈妈当初并不是要抛弃我，

而是为了我的安全，才把洞口封住了。

她如果经常进出，别的昆虫就会知道

洞里面有她的宝宝。"

回想起自己曾经为此埋怨过妈妈，

小苗不禁感到非常愧疚。

快要当妈妈的小苗

此刻才理解了妈妈的苦心。

小苗在心里向妈妈道歉后，

就出发去找夜蛾幼虫了。

小苗在地上爬来爬去，

不停地拔野草的细根，

然后将头塞到地上的裂缝里寻找夜蛾幼虫。

夜蛾幼虫都躲在地底深处，

所以不容易找到。

灼热的阳光直射小苗的头顶。

"再忍耐一下，很快就会找到食物的。"

小苗给自己鼓劲。

沙泥蜂的外科手术

躲在地底深处的夜蛾幼虫知道，

如果在白天出去，遇到沙泥蜂就完蛋了。

所以，夜蛾幼虫白天一般躲在地底下，

到了晚上才会跑出来吃植物的叶子。

夜蛾幼虫的身体像是由很多段拼接起来的似的，

每一段叫一个体节。

夜蛾幼虫一边蠕动着长长的身体，

一边唱着歌。

虽然现在我是一只多足的幼虫，
但是长大以后，
我就会拥有漂亮的翅膀。
虽然现在我只能在地底下生活，
但是长大以后，
我就会在天空中自由飞翔。

到时候我就会丢掉多余的足，
变成一只有3对足的夜蛾！

夜蛾幼虫的身体共有 12 个体节，
第 1 到第 3 个体节上，各有 1 对胸足，
第 6 到第 12 个体节上，共有 5 对腹足，
而第 4 和第 5 个体节上则没有足。
其中，只有长在前 3 个体节上的胸足，
才是夜蛾幼虫的真足。
夜蛾幼虫变成成虫后，
3 对真足仍然留在身上，
而其他假足则会全部退化。

小苗找了很久，

终于在地面的缝隙里找到了一只夜蛾幼虫。

"哎呀，怎么这么沉呀？"

夜蛾幼虫至少比小苗重 10 倍。

终于，夜蛾幼虫被小苗从缝隙里拽了出来，

但一直在扭动巨大的身躯。

"好啦，开始做手术吧！"

小苗张开嘴巴用力咬住夜蛾幼虫的脖子，

夜蛾幼虫拼命地挣扎反抗。

"我可不能被这个大家伙压在下面！"

小苗小心翼翼地躲到夜蛾幼虫旁边，

轻轻地骑到夜蛾幼虫背上，

然后将自己的腹部翘起来，

并将毒针刺进夜蛾幼虫头部与第 1 个体节之间。

因为这里是

夜蛾幼虫皮肤最薄的地方，

比较容易刺进去。

刺入毒针后，小苗停留了一会儿才拔针，

以便确认进针效果。

拔针后，小苗退到一边。

但是，这时的小苗却突然将肚子贴到地面上，

全身不住地颤抖，

好像快要死去似的扭动着身体。

我是沙泥蜂，
技术出众的手术专家沙泥蜂。

我不需要锋利的手术刀，
也不需要笨重的大剪刀。

只要用力咬住夜蛾幼虫的脖子，
狠狠地在胸部扎一针就成功啦！

我是沙泥蜂，
医术高超的手术专家沙泥蜂。

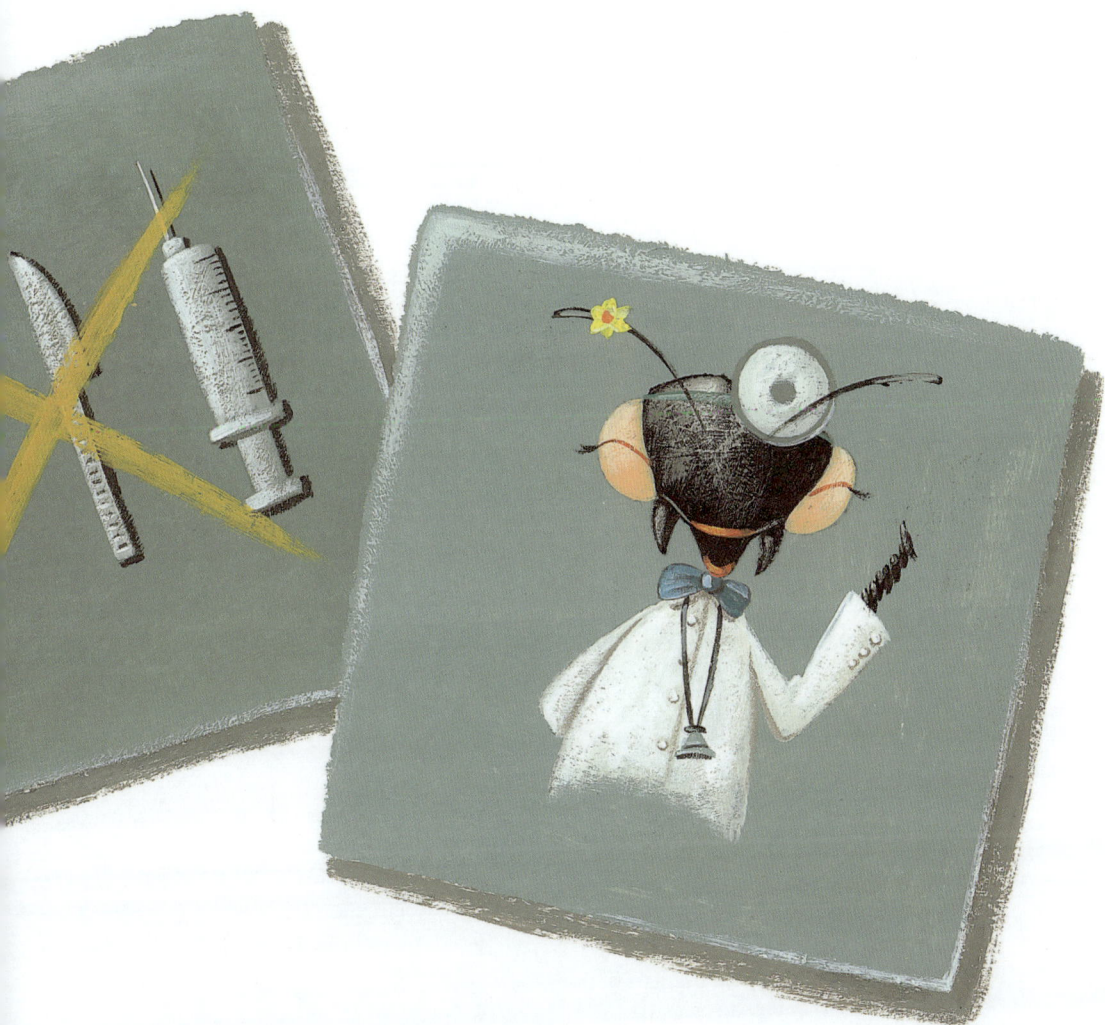

接着，小苗又在地上扭动着身体，边唱边跳。

原来这是小苗在庆祝捕猎成功。

唱完歌，跳完舞，小苗沉着地站了起来，

整理整理翅膀，

清理清理触角，

打起精神准备进行第 2 次手术。

小苗先咬住夜蛾幼虫的背部，

然后提起镊子般的腿，

使劲压住夜蛾幼虫的身体，

小心翼翼地开始扎针。

小苗念咒似的自言自语道：

"好，就从第 2 个体节开始，

然后是第 3 个体节、第 4 个体节。"

小苗一边说，一边慢慢地按顺序扎针，

仔细进行手术。

扎完第 4 个体节后，

小苗慢慢地拔出毒针。

夜蛾幼虫此时已无法动弹。

小苗走到夜蛾幼虫面前说：

"现在就差最后一步了。"

小苗张开大嘴，一口咬住夜蛾幼虫的头。

为了不使夜蛾幼虫出现伤口，
小苗小心翼翼地一边咬，
一边按住夜蛾幼虫的气管，
俨然一位医术超群的手术专家。
"如果咬得太重，
这家伙会死掉。"
小苗每咬一次，
都会仔细观察夜蛾幼虫的状态，
反复咬了多次后，
才离开夜蛾幼虫的身体。
"手术结束了，
看来这次手术结果还不错。"
虽然小苗没有专门练习过，
但是依靠天生的本能，
她熟练掌握了手术技巧。
这就是昆虫与生俱来的神秘技能啊！

此时的夜蛾幼虫躺在地上一动不动。

当然，夜蛾幼虫并没有死去，

只是无法动弹罢了。

期待新生命的到来

小苗把夜蛾幼虫挂在靠近地面的树枝上。

"你要乖乖地待在这里，不要乱动，

我收拾一下房子就回来。

当然，你想动也动不了。"

小苗朝着刚刚挖好的洞迅速飞去。

为了把夜蛾幼虫放进去，

小苗决定扩建自己的房子。

但是，这样的话，

必须先把洞口的石块挪开。

小苗吃力地挪着石块，

用力扇动的翅膀发出嗡嗡声。

好不容易挪开石块的小苗，

马上飞回她放猎物的地方。

但是，发生了什么事呢？

夜蛾幼虫掉在地上了。

好多蚂蚁黑压压地围在夜蛾幼虫四周。

小苗生气地对蚂蚁们喊道：

"快走开，这是我抓来的夜蛾幼虫。"

蚂蚁们一边托着夜蛾幼虫一边回答：

"谁拿到就是谁的，

我们才不管是谁抓到的呢。"

"你们这些坏蛋，简直就是小偷，小偷！"

"想跟我们打架吗？好啊，来啊，要不要试试看？"

小苗因为被别人抢走了猎物而伤心起来。

她虽然不甘心自己的猎物就这样被蚂蚁们抢走，

但是也不想打架。

因为一旦动起手来，

马上会有更多的蚂蚁赶来增援，

想把蚂蚁们全部打败太困难了。

"无耻的小偷！"

不得已，小苗只好去找其他夜蛾幼虫。

天色暗了下来，

马上就要下大雨了。

小苗为了在下雨前找到猎物，

努力地在地上寻找夜蛾幼虫。

"妈妈当初是不是也这么辛苦呢？

为了养育我而不知疲倦地寻找夜蛾幼虫？"

小苗越是疲倦，越是想念亲爱的妈妈。

好不容易再次找到夜蛾幼虫，

小苗又开始准备做手术了。

她小心翼翼地将毒针刺进夜蛾幼虫体内。

不得不说，小苗简直就是一位医术精湛的手术专家！

小苗将手术后的夜蛾幼虫

挂在距地面高一点儿的树枝上。

"挂在这么高的地方，

应该不会被小偷偷走了吧。

我还是在小偷赶来之前，

先扩建一下房子吧。"

小苗迅速飞进洞里扩建了房子，

她心里虽然着急，

但仍然谨慎地确认着洞口附近的安全。

然后，她迅速飞到挂着夜蛾幼虫的树枝上，

抱起夜蛾幼虫飞到洞口。

小苗先进入洞穴，

从洞内拉夜蛾幼虫。

可是，因为这只夜蛾幼虫身躯太大，

拉起来十分费劲。

"加油，加油！再用点儿力！"

经过一番努力，夜蛾幼虫终于被拉进了洞里。

小苗将夜蛾幼虫拖到洞穴深处后，

开始在夜蛾幼虫身上产卵。

不过，她可不是随便把卵产在夜蛾幼虫身上的。

小苗只将卵产在夜蛾幼虫的第 4 个体节

和第 5 个体节之间。

这样一来，孵化出来的沙泥蜂幼虫

就可以从夜蛾幼虫的第 4 个体节

和第 5 个体节吃起了。

因为从这里吃起，

夜蛾幼虫完全不会挣扎，

无论沙泥蜂幼虫怎样吃，夜蛾幼虫都不会有任何反应。

如此，就能确保沙泥蜂幼虫的安全了。

小苗产完卵后，从洞里飞了出来。

然后精心地掩盖了洞口。

为了掩饰痕迹，

小苗先用泥土覆盖洞口，再用小石子填塞，

直到原来的洞口无法辨认为止。

小苗一边压平洞口，一边说：

"孩子，等你从卵里孵出来以后，

也会吃着夜蛾幼虫长大，

你或许也会埋怨妈妈不来照顾你，

但这是妈妈保护你的最好方法！"

小苗仰望着滴着雨滴的天空，
也像当年她的妈妈一样，
诚心诚意地祈祷：
"妈妈希望你健康快乐地长大，
成为一名优秀的手术专家！"

107

我的昆虫观察笔记

请用文字或图画记录你的所见所感。

著作权合同登记号　图字：01-2005-3598

图书在版编目 (CIP) 数据

　　法布尔昆虫记. 聪明的猎人节腹泥蜂与手术专家沙泥蜂 /（韩）高苏珊娜编著；（韩）金成荣绘；李明淑译. —北京：北京科学技术出版社，2025.1
　　ISBN 978-7-5714-2914-0

　　Ⅰ . ①法⋯ Ⅱ . ①高⋯ ②金⋯ ③李⋯ Ⅲ . ①昆虫－儿童读物②蜂－儿童读物 Ⅳ . ① Q96-49 ② Q969.54-49

中国国家版本馆 CIP 数据核字 (2023) 第 031314 号

策划编辑：徐乙宁
责任编辑：樊川燕
封面设计：包荧莹
图文制作：天露霖
出 版 人：曾庆宇
出版发行：北京科学技术出版社
社　　址：北京西直门南大街 16 号
邮政编码：100035
电　　话：0086-10-66135495（总编室）
　　　　　0086-10-66113227（发行部）
网　　址：www.bkydw.cn
印　　刷：保定华升印刷有限公司
开　　本：787 mm × 1092 mm 1/16
字　　数：91 千字
印　　张：7.25
版　　次：2025 年 1 月第 1 版
印　　次：2025 年 1 月第 1 次印刷
ISBN 978-7-5714-2914-0

定　　价：299.00 元（全 10 册）